マインドマップ・シリーズ

マインドマップでよくわかる
気候変動

［著］トム・ジャクソン
［イラスト］ドラガン・コルディッチ

ゆまに書房

ハーバード大学の気候学者、マリアンナ・リンツ博士からのメッセージ

マリアンナ博士は、気候学者だ。博士が研究しているのは、風と海流。地球温暖化が進むにつれて、風と海流がどう変わるのかを調べている。ほかの科学者たちと力を合わせて、異常気象を理解して、これから起きる気候変動を予測しようとしているんだ。

世界は、これまでにない大変な状況にある。そして、ものすごい速さで、変化している。

地球は、その誕生から何十億年にもわたって、さまざまな変化を見せてきた。たとえば、できたばかりの地球はどろどろの火の玉だったし、大氷河時代なんて、雪と氷にほとんどおおわれていた。だけど、これらの変化は、何千年とか、何百万年という長い年月をかけて起きたことだった。それが、いまの地球では、もっともっと速く、物事が変化している。じつはその原因は、地球でくらす生命、つまりわたしたち人間にある。

人間のいまのくらし方が原因で、気温が急に上がり、地球上のすべての生きものが、その影響を受けている。だけど、わたしたちはそれを止められる。わたしたちは、選ぶことができるのだから。

わたしたちは、いまのくらし方を変えられる。そうしなければ、地球の気温が上がり続け、海面は上昇し、おかしな天候になって、たくさんの動物や植物が死んでしまうだろう。そうなったら、結局、人間はくらし方を変えることになる。だけど、いまみんなでいっしょに行動すれば、こうした災害が起こるのを止められるかもしれない。

この本を読んで、気候変動について学んだら、ぜひ、その知識をほかのみんなにも伝えてほしい。わたしたちは選ぶことができる。わたしたちはみんな、未来をもっとよいものにするために、いまここでいっしょにいるのだから。

もくじ

マインドマップって、なに？ 4

天気と気候って、同じなの？ 6
　天気の種類 8
　季節 10
　気候帯 12

温室効果って、なに？ 14
　地球の大気 16
　水と生命 18

なにが気候変動の原因なの？ 20
　氷河時代 22
　火山 23
　炭素循環 24
　ふえる炭素 26
　失われる森 28
　農業の問題 30

地球になにが起きているの？ 32
　天気の変化 34
　海面の上昇 36
　海の変化 38

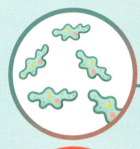

地球の生きものは、どうなるの？ 40
　野生生物への影響 42
　人間におよぶ危険 44

気候変動は、止められるの？ 46
　エネルギーの使用 48
　ゴミ削減・再使用・リサイクル 50
　風、水、熱、光 52
　森林再生と自然再生 54

テクノロジーで問題は解決するの？ 56
　新しいエネルギー源 58
　スマートテクノロジー 60
　気候をコントロールする 62
　ほかの惑星に移住できる？ ... 64

これから、なにをすべきなの？ 66
　わたしたちみんなで、できること ..68
　あなたに、できること 69

用語解説 70
さくいん 72

マインドマップって、なに？

この本は「マインドマップ・シリーズ」の1冊だ。マインドマップって、知ってるかな？ 絵を使って、いろんなアイデアを線でつなげて、つくるんだ。複雑なテーマが理解しやすくなる、すごく便利な方法なんだ。このページのマインドマップは、「気候変動を止めるには？」という問いを中心にして、できている。この中心の問いが、各章のタイトルの8つの問いへと、さらに分かれているんだ。

線をたどろう

気になる質問を見つけたら、色のついた線をたどって、ひとつひとつのトピックを見てみよう。たとえば、「気候変動を止めよう！」の先には、気候変動を食い止める3つのヒントが書かれている。そう、「再生可能エネルギー」と「自然を取りもどす」と「カーボンフットプリント」だ。線をたどると、トピックがさらに細かく分かれているね。

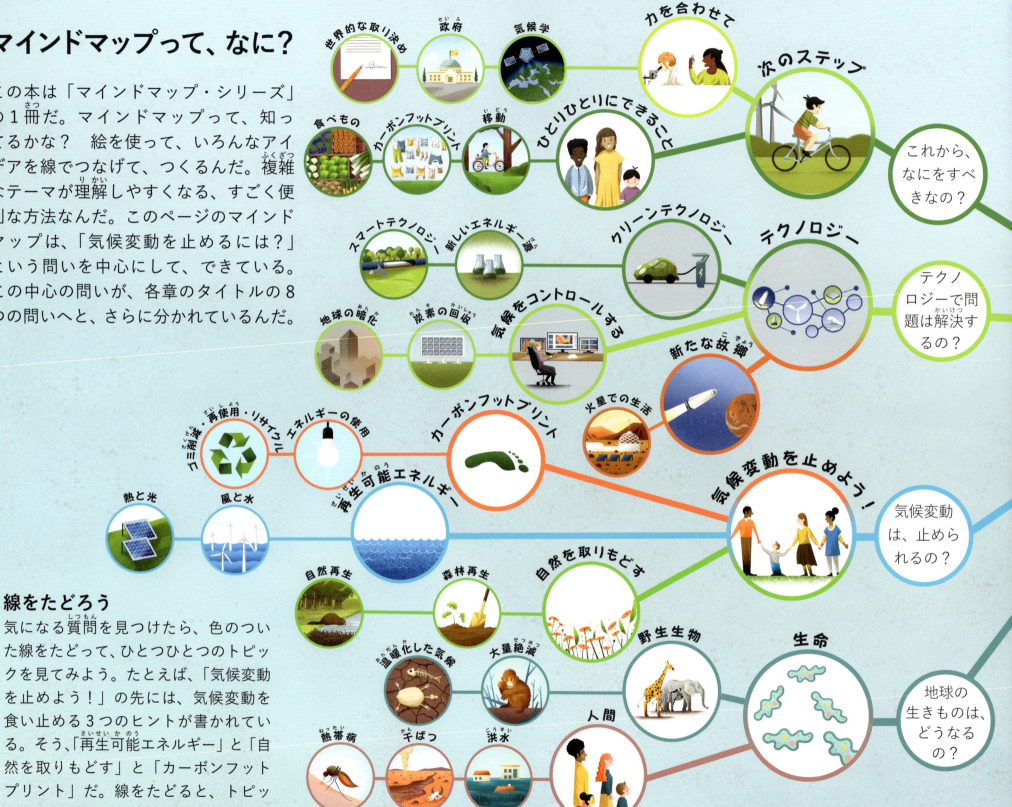

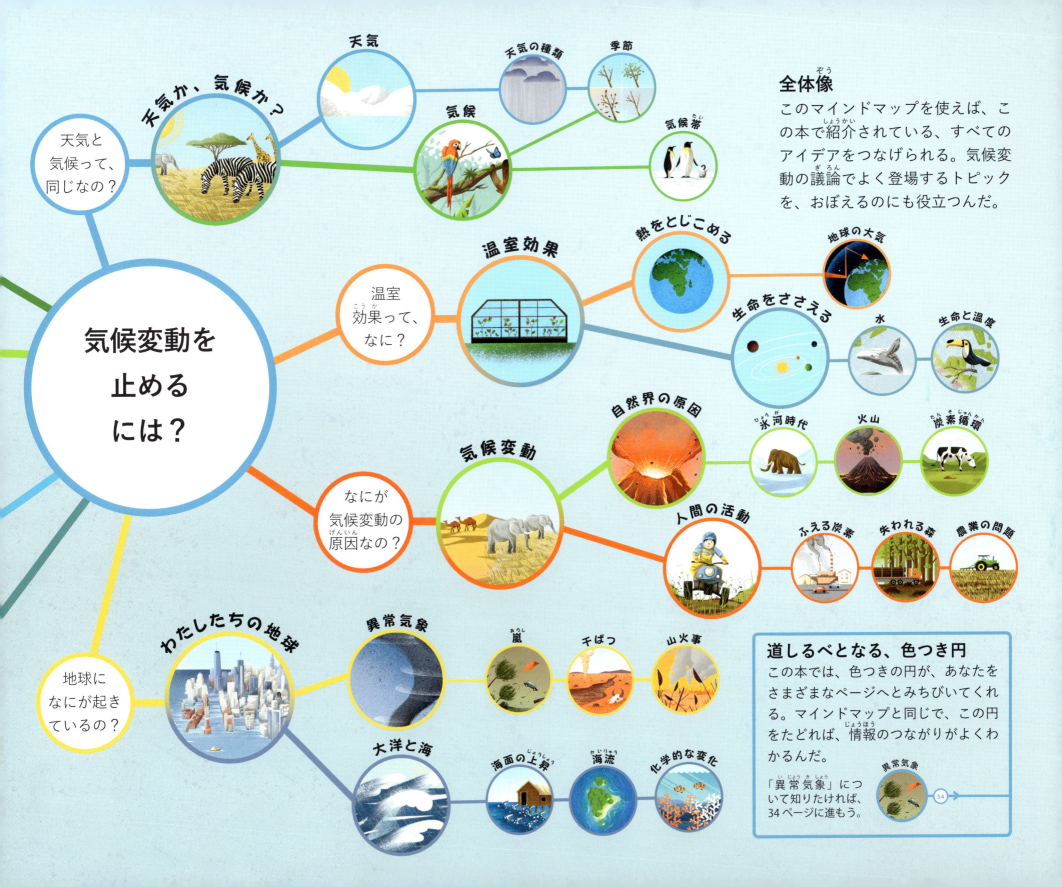

天気と気候って、同じなの？

天気と気候は、ちがう。天気は、日ごとや、時間ごとに変わるよね。気候は、数カ月とか、1年とか、数百万年という長い時間をかけてゆっくりと変わるんだ。最近では、気候変動のせいで、天気も変わってきている。これまでになかった天気、つまり異常気象も起きているんだよ。

天気か、気候か？

いまの天気は、雨？ カラッと晴れてる？ すごく寒い？ 蒸し暑い？ 天気は、いろんなことが組み合わさっていて、しょっちゅう変わる。「気候」は、もっと長い時間をかけて、ゆっくり変わる。

天気

天気とは、自分のまわりにある、大気の状態のことだ。わたしたちは、日々、そのなかでくらしている。天気は、季節のうつり変わりなど、いろんなものに影響されるんだよ。

気候

「気候」は、ある地域が、1年間や、もっと長い期間に、どんな天気なのかを表しているんだ。ある地域の気候は、地形や、どの気候帯にあるかといった特徴によって、変わるんだよ。

天気の種類

8

季節

10

気候帯

12

8 天気

天気の種類

天気とは、いま外で起きていることだ。そこの天気は、晴れかな、雨かな、雪かな、風があるかな、嵐かな？ 天気は、いろんなものから影響を受ける。たとえば、空気の動きや、気温や、気圧などだ。天気は、気候とはちがう。だけど、気候変動によって、毎日の天気が、もっとはげしくなりつつあるんだ。

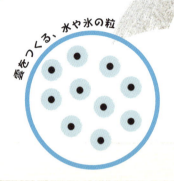

雲をつくる、水や氷の粒

雲のなか
大気中に浮かんでいる小さなチリに、水や氷がくっついて、粒ができる。そんな粒が何千億個も集まって、ふわふわの雲がひとつ、できあがるんだよ。

落ちてくる、水や氷の粒
雲は水や氷の粒でできている。この粒が大きくなりすぎると、空から落ちてくる。これが、雨や雪だ。

流れる雨水
ほとんどの雨水は、土地の表面から、小川や川へと流れこんで、また海へともどる。

水循環
天気をつくるのは、水なんだ。ほとんどの水は、海や、川、湖、氷冠にある。空気中の水は、かなり少ないんだけど、「水循環」によって、くりかえし利用されているんだよ。

凝結
水蒸気は、大気中をのぼるあいだに冷やされる。そうすると、凝結を起こして水滴になる。それがこおると氷の粒になる。そうして、空に浮かぶ雲になるんだよ。

蒸発
太陽の熱で、海の表面があたためられると、水が蒸発する。水は水蒸気になって、大気中をのぼるんだ。

天気 9

風
空気は、太陽の光であたためられて上にのぼる。すると、場所があくよね。そこに、冷たい空気が入りこむ。この空気の動きによって、風が起きるんだ。

ハリケーン
世界最大の暴風雨で、台風やサイクロンとも呼ばれる。成長して、巨大なうずまきの形の雲になり、ものすごい速さで動くこともあるんだ。

雪
雲をつくる水や氷の粒が、冷たくて大きな氷の結晶となって、降ってくる。これが雪だ。

雹
風で高くまいあがった雨粒が、こおって雹になることがあるんだ。そうなると、雹は地面に落ちる。

異常気象
気温や気圧が大きく変化すると、異常気象が起きやすくなるんだ。たとえば、大きな被害をもたらす雷雨や、ハリケーン、竜巻、洪水、干ばつなどがある。

34

どうやって空気は動くのか
空気は、気体なんだ。分子といって、ありとあらゆる方向に動く小さなものでできている。空気の動きを決めるのは、その空気の温度と圧力だ。冷たい空気は気圧が高くて、あたたかい空気は気圧が低いんだよ。

あたたかい空気
空気があたたまると、分子は速く動きまわるので、ぶつかって、まばらになる。そうして、空気はのぼるんだよ。

冷たい空気は下へ
空気があたたまると、散らばる

あたたかい空気は上へ
上に抜けた空気のかわりに、冷たい空気が入る

高気圧
空気は冷えると下におりるので、より多くの空気が地面を押す。

低気圧
空気はあたたまるとのぼるので、地面を押す空気が少なくなる。

冷たい空気
分子は冷えると動きがにぶくなって、おたがいの距離が縮まる。空気は密になって、おりてくるんだ。

気候との関わり
気候変動で、気温がどんどんあがっている。そのせいで、これまで以上の熱波や、強風、干ばつなどが起きている。空気があたたまると、水がもっと蒸発するから、嵐が強くなってしまうんだ。

10 天気

季節

地球には四季がある。その理由は、地球が太陽を回るときの姿勢にあるんだ。地球は太陽を大きく回りながら、少しだけかたむいて回転もしている。地球上のある場所から見て、熱い太陽に近づくように地球がかたむいている時期は、暑い夏。太陽から遠ざかるようにかたむいている時期は、寒い冬。太陽に対して、地球が別の位置にくると、次の季節が始まる。でも、気候変動によって、この季節の長さが変わりつつあるんだ。

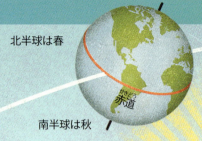

3月
北半球では、春になる。
南半球では、秋になる。

北半球は春
南半球は秋

北と南
地球を、北半球と南半球に分けているのは、赤道という想像上の線だ。北半球と南半球では、夏と冬が、逆なんだよ。

北半球は夏

南半球は冬

夏
木々の葉がおいしげる。昼の時間が長くなり、日差しが強まる。

6月
北半球は太陽のほうにかたむいているので、夏になる。だけど南半球は寒い冬だ。

昼の長さ
夏は、太陽が高い位置から照らすから、暑い。日の出は早くて、日の入りは遅い。冬は、太陽が一日中、低い位置にある。日の出は遅く、日の入りは早くなる。

南極の冬は、太陽がまったくのぼらないので、ものすごく寒いんだよ。

赤道の近くでは、昼の長さはほんのちょっとしか変わらない。ずっと暑いままなんだ。

春
あたたかい日がふえはじめる。木々に若葉がしげり、動物には赤ちゃんが生まれる。

野生生物への影響

気候 11

12月
北半球では夜が長くなり冬が来る。南半球は、暑い夏。

北半球は冬
南半球は夏

9月
北半球では、秋に入って涼しくなる。南半球には春が来る。

北半球は秋
南半球は春

気候との関わり
気候変動によって、季節がずれつつある。気温が少し上がったために、春のおとずれは早くなり、夏は長く、より暑くなり、冬は短くなっているんだ。

秋
木々の葉が、赤色や黄色になって、落ちる。日が差す時間が短くなって、夜が長くなるんだ。

陸と海
季節のようすも、場所によって、ちがう。夏は、陸地はすぐにあたたまるけれど、海はゆっくりとあたたまる。冬は、陸地はすぐに冷えるけれど、海はあたたかいままなんだ。

海から遠く離れた地域は、冬はものすごく寒くて、夏はものすごい暑さになりやすい。

海岸沿いだと、夏は涼しいまで、冬もこごえるほど寒くはならない場所が多い。

冬
寒い日が続いて、雪がふったり、霜がおりたりする。葉をすべて落とす木も多い。

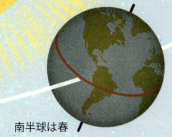
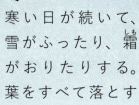

12 気候

気候帯

日々変わる天気とはちがって、気候は、その地域が、長期にわたって、暑いのか寒いのか、雨が多いのか乾いているのかを表している。それぞれの地域や地帯の気候は、その土地の動物と植物に、大きな影響をあたえているんだ。気候が変われば、新たな問題が起きて、野生の動植物が生き残れなくなるかもしれない。

● ツンドラ
ものすごく寒くて、地面が一年中、かたくこおりついている。このこおった地面には、大きな植物は根をおろせないので、生き残れるのはコケなどの小さな植物だけなんだ。

トナカイの毛皮は二重になっていて、すごくあたたかいんだよ。

地図の色分け
- ツンドラ
- タイガ
- 森林
- 熱帯雨林
- サバナ
- 砂漠
- 極地砂漠
- プレーリー

● プレーリー
北アメリカでは、草原をプレーリーとよぶ。同じような地帯は、南アメリカではパンパ、アジアではステップとよばれる。これらの草原では、雨がすごく少ないから、木が育たないんだよ。

草原で草を食べるバイソンの群れ。

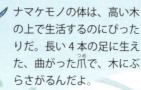

ナマケモノの体は、高い木の上で生活するのにぴったりだ。長い4本の足に生えた、曲がった爪で、木にぶらさがるんだよ。

ペンギンは、寒さをふせぐため、脂肪をたっぷりたくわえている。

● 熱帯雨林
赤道に近い地域は、一年中ずっと暑くて雨が多い。そのおかげで、背の高い木がたくさん生えた熱帯雨林ができるんだ。地球上の動物の半分が、ここでくらしている。

○ 極地砂漠
北極点と南極点のまわりのこおりついた地帯で、ものすごく寒い。雨がほとんどふらなくて、とても乾燥しているので、名前に「砂漠」がついているんだ。

気候 13

○ 森林
多くの森林には、秋に葉を落とし、春に新しい葉を出す木がある。木陰(こかげ)では、小さな植物が育ち、野生動物がくらしているんだよ。

● タイガ
この地帯には、世界最大級の森があって、冬でも葉が落ちない針葉樹(しんようじゅ)がおいしげり、たくさんの種類の動物がくらしている。

ヤギは、高山の寒さから身を守るため、ふかふかの自前(じまえ)のコートをまとっているんだ。

気候との関わり
世界の気温が急に高くなると、すべての気候帯に影響が出る。極地は小さくなり、ツンドラの地面はとけるだろう。動物や植物は、その変化にうまく合わせられなくて、絶滅(ぜつめつ)するかもしれない。

赤道

山岳(さんがく)
大きな山には、気候帯がいくつもある。ふもとは森林やジャングルなのに、てっぺんが雪でおおわれていたりするんだ。

失われる森 → 28

● サバナ
草地の平原で、木がまばらに生えている。サバナは、ほとんどの時期は乾燥しているけれど、雨期になると、いっぺんに大量の雨がふるんだ。

ラクダは、水を飲まずに何日もすごせるので、砂漠で生きのびられる。

砂漠
暑い砂漠地帯では、雨がほとんどふらない。水がないから、植物が育たず、動物の食べものがないんだ。砂漠は、昼間は焼けつくほど暑いけれど、夜はこごえるくらい寒い。

ゾウは、その長い鼻で地面をほって水たまりをつくる。ほかの動物もそこにたまった水を飲むんだよ。

温室効果って、なに？

温室効果とは、地球をあたためる、自然のプロセスなんだ。温室効果が、太陽からの熱を調節してくれるから、地球はくらしやすい場所なんだよ。だけど、人間のせいで、大気中の気体のバランスがくずれてしまった。いまや、温室効果によって、世界は温暖化して、気候が変わりつつある。

温室効果

温室効果は、庭の温室と同じような仕組みなんだ。温室のガラスは日光を通すから、内側の空気があたたまるし、その熱をガラスが内側にとじこめる。地球の大気も、同じことをするんだ。

熱をとじこめる

温室効果がなければ、地球はいまよりも、ずっと寒かっただろう。ある種類の気体が、大気中にどれくらいあるかによって、地球の気温は変わる。

地球の大気  — 16

生命をささえる

温室効果のおかげで、地球がちょうどいい温度になっているから、水が液体（えきたい）のかたちで、海にあふれ、川を流れているんだ。太陽系（たいようけい）の惑星（わくせい）で、表面に水があるのは、地球だけなんだよ。

水 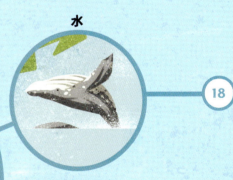 — 18

生命と温度  — 18

16　熱をとじこめる

地球の大気

太陽光（太陽のエネルギー）は、地球の大気を通りぬけて、地球の表面をあたためる。そして、自然の温室効果によって、大気がまるで毛布みたいな役割をする。地表の熱をとじこめて、宇宙空間ににげないようにするんだ。だけど、人間の活動のせいで、温室効果のバランスがくずれて、地球の気候にひどい影響が出はじめている。

宇宙空間にもどる

少量のエネルギーが、目には見えない熱となって、地球の表面から上昇する。そして、大気をぬけて、宇宙空間へともどるんだ。

大気がエネルギーをはねかえす

太陽からのエネルギー

目には見えない熱エネルギーが
宇宙空間にもどっていく

地球の大気

はねかえされたエネルギー

光の一部は、大気中の気体やチリによってはねかえされて、宇宙空間にもどる。少ない量だけれど、雲にはねかえされる光もあるんだよ。

雲がエネルギーを
はねかえす

とじこめられたエネルギー

大気中の、温室効果ガスや水蒸気やチリが、エネルギーの一部をもち続けるんだ。

大気中の温室効果ガス

温室効果ガスに
とじこめられたエネルギー

すいこまれるエネルギー

地球にとどいたエネルギーは、陸や海の表面にすいこまれる。

光が入り、熱が出る

太陽の光は、大気を通りぬけて、地球の表面までとどく。その光で、海や陸地があたためられるんだ。そして、エネルギーのほとんどは、目に見えない熱となって、大気中を上昇する。

熱をとじこめる　17

熱圏
この層の大気はとてもうすく、夜はすごく寒くなる。だけど、太陽の光が直接あたると、ものすごく暑くなるんだ。

大気の層
大気は、いくつもの層にわかれている。温室効果によってあたためられるのは、地球の表面と、そこに最も近い、対流圏とよばれる層なんだ。

中間圏
大気のなかで、いちばん寒いのが、この層だ。この層の気体が、地球をいん石から守っている。多くのいん石は、ここでもえつきてしまうんだよ。

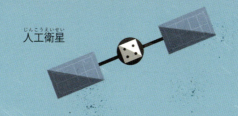
人工衛星

ロケット

いん石

すい星

ふえる炭素
26

- 80 km
- 50 km
- 30 km
- 10 km

大気中の気体
大気は、数種類の気体がまざったもので、大部分が、チッ素と酸素とアルゴンだ。だけど、3つとも、温室効果とは関係ない。地球に必要な熱をとじこめているのは、ほかの、ほんのわずかな気体なんだ。

大気中の温室効果ガスとは、二酸化炭素や、メタンや、水蒸気など。

チッ素 79%
酸素 20%
アルゴン 0.9%
温室効果ガス 0.1%

成層圏
この層には、水がほとんどないので、雲はめったにない。

オゾン層
この層が、地球にふりそそぐ有害な紫外線のほとんどをふせいでいる。

対流圏
わたしたちがくらす層。ここで、水やチリや気体がまざって、天気ができる。

気候との関わり
人間の活動によって、温室効果ガスがものすごくふえている。そのため、大気にとじこめられる熱の量がふえて、地球は温暖化しているんだよ。

18 生命をささえる

水と生命

温室効果のおかげで、地球はあたたかくて、水がたくさんあるんだ。気温は場所によってちがうし、同じ場所でも冬の寒さから夏の暑さまで変化する。ほとんどの場所は、生物が生きのびるのに、ちょうどいい気温と天気なんだ。だけど、気候変動によってそのバランスがくずれて、地球のすべての生きものが危険にさらされている。

人が生きられる限界

世界でいちばん寒い場所でも、あたたかい服装をすれば、たいていの人は生きのびられる。だけど地球上には、あまりに暑すぎて、人が生きられない地域もある。

地球上で最も寒い村は、ロシアのオイミャコン村だ。最低気温がマイナス70度になったこともあるんだ。

地球上で最も暑いのは、イランのルート砂漠だ。夏に70度をこえたこともある。人間には危険な場所なので、だれも住まない。

人間への影響

44

地球の生きもの

水はすごく重要だ。水がなければ、地球上に生物はいないだろう。地球のどんな生きものも、その体内に水がある。すべての植物と動物は、生きるために、水が必要なんだ。

陸の生きもの
暑すぎたり寒すぎたりしなければ、どの地域にも動物と植物がいる。そのみんなが、水なしでは生きられない。

海の生きもの
地球の海は、生命であふれている。海には、太陽のエネルギーを吸収して、地球のあちこちに運ぶはたらきもある。

生命をささえる 19

寒すぎると

温室効果ガスが大気をあたためていなければ、大地は氷におおわれ、海もほとんどこおりついて、地球の平均気温も、ものすごく低いだろう。科学者たちは、こんな状態の地球を、「スノーボールアース」とよぶんだ。海なら生き残る生物もいるかもしれないが、陸の生物は生きのびられそうもない。

氷河時代
22

スノーボールアース（雪玉みたいな地球）

何億年も昔の、きちんとした大気ができあがる前の時代に、地球の表面がほぼすべてこおりついたことがあったらしい。もし同じことがまた起きたとしたら、ぶあつい氷が地面をおおい、海の表面もすべてこおってしまうだろう。赤道のあたりなら、水が少し残るかもしれないね。

暑すぎると

温室効果のある惑星は、地球だけじゃない。金星は、太陽に近い軌道を回っている。金星の大気はもっと多くの熱をとじこめていて、水の雨はふらない。酸の雨がふるんだよ。

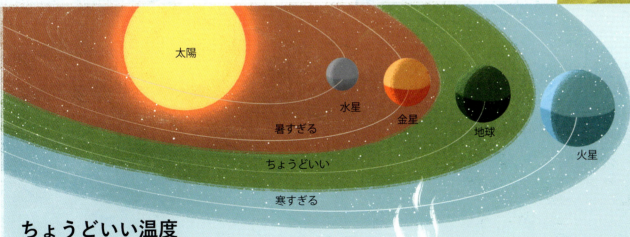

ちょうどいい温度

天文学者は、地球を「ゴルディロックス惑星」とよぶ。理由は、太陽からの距離がちょうどいいから。暑すぎず、寒すぎず、童話『ゴルディロックスと3びきのくま』のおかゆのように、地球はちょうどいい温度なんだ。

気候との関わり

温室効果がなければ、地球には生命が存在しなかっただろう。だけど、温室効果が強すぎても、生命はやはり存在しなかっただろう。

なにが気候変動の原因なの？

世界の気候は、時とともに変わる。これまでそうだったし、これからもそうだろう。気候が自然に変わる場合、たいていはすごくゆっくり変わるので、地球上の生きものは新しい状況に適応できる。しかし、いま、人間の活動のせいで、気候変動がはるかに急速に進んでいるんだ。

気候変動

気候とは、長い期間での、天気のパターンのことなんだ。そして、ある地域で、気温や雨の量などのパターンが大きく変わったときに、「気候変動が起きている」というんだよ。

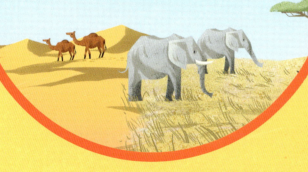

自然界の原因

自然界の原因によって、気候がゆっくりと変化することがある。炭素循環や、氷河時代、火山の影響などを、理解することが大切だ。

氷河時代

22

火山

23

炭素循環

24

人間の活動

人間は、工場や車を動かすために燃料をもやし、農地や建物をつくるために森の木を切る。こうした活動が、急激な気候変動を引き起こしている。

ふえる炭素

26

失われる森

28

農業の問題

30

22 自然界の原因

氷河時代

地球は、何万年もかけて温暖な気候から氷河時代へと自然に変わり、そしてまた何万年もかけて温暖な気候へとうつり変わる。氷河時代は、地球の温度が低くなった結果、起きることなんだ。なぜ温度が低くなるかというと、地球が太陽のまわりを回る軌道が、何万年という長い時間のくりかえしで変化して、太陽に近づいたり、遠ざかったりするからなんだ。こうした変動のせいで、気候が大きく変化するんだよ。

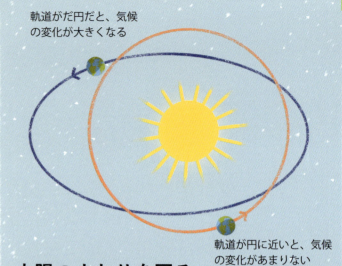

軌道がだ円だと、気候の変化が大きくなる

軌道が円に近いと、気候の変化があまりない

太陽のまわりを回る

地球の軌道がほぼ円のときは、太陽から受け取るエネルギーがいつも同じになる。でも、軌道がだ円のときは、季節によって受け取るエネルギーが大きく変わるから、地球の気温も変わるんだ。

前回の大氷河時代には、毛むくじゃらのマンモスがいた。

氷の世界

人類が農地や家をつくるより、はるか昔のこと。世界は、前回の大氷河時代のなかでも、最も寒い時期にあった。地球の3分の1が氷床でおおわれていた。氷床の厚さが2キロメートルをこえる場所もあったんだ。

サーベルタイガー

スノーボールアース ← 19

白い惑星

地球の気温がたった数度下がるだけでも、それが長く続くと、氷河時代が始まってしまうんだ。何年も地球の気温が下がると、北極と南極の氷冠が広がる。氷と雪が太陽の光をはねかえすので、気温はさらに下がって、氷河時代がさらに長引くんだ。

気候との関わり

太陽から地球にとどくエネルギーの量がへると、地球の温度が下がる。そして、気候が大きく変化して、次の氷河時代が始まる。

自然界の原因 23

火山

火山が噴火すると、溶岩という熱い液状の岩石がふき出す。さらに、大量の灰や煙と、二酸化炭素のような温室効果ガスもふき出す。大きな噴火があると、灰や煙の雲ができるんだ。この雲のせいで、空は暗くなり、太陽の光はさえぎられ、大気中のオゾン層が破壊される。何年間も、全世界の気候が変わることだってあるんだよ。

世界をくもらせる

火山が噴火すると、チリや灰が急に大気中にまいあがって、気候が変わる。このチリや灰など、大量の汚染物質が、全世界に広がることもあるんだ。いま、活火山は、世界におよそ1500ある。それらの山からも温室効果ガスが出ていて、地球をあたためている。

地球の暗化

地表をあたためる太陽の光が、火山の噴火でできた雲にじゃまされて、とどかなくなる。これを、「地球の暗化」というんだ。この暗化が、大きな噴火によって起きると、地球の気候が何年も変わることだってある。

気候をコントロールする → 62

ちょっとした、氷河時代

およそ700年前、火山噴火によって、世界のあちこちの場所で気温が2度だけ、低くなったことがあるんだ。いつもより強い冷えこみがとても長く続いたせいで、たくさんの川が、ずっとこおったままになったんだよ。

気候との関わり

わりと短い期間なら、火山灰によって、地球が冷えることはある。でも、長い目で見れば、温室効果ガスがふえることで、地球温暖化がさらに進むんだ。

24 自然界の原因

炭素循環

温室効果のおもな原因が、二酸化炭素だ。二酸化炭素は、炭素と酸素でできている。炭素は、空気中だけでなく、岩や土や、あらゆる生きもののなかにあるんだ。生物は、生きるために、炭素を使って、二酸化炭素を大気中に出している。これは、「炭素循環」という自然システムの一部なんだ。炭素循環に少しでも変化があると、温室効果にも変化があらわれるんだよ。

エネルギーをつくる
植物は、空気中から取りこんだ二酸化炭素と水を使って、自分や動物のためのエネルギー源をつくるんだ。

エネルギーを取り出す
植物も動物も、呼吸で取り入れた酸素を使って、糖などの食べものからエネルギーを取り出すんだ。植物も呼吸をしていて、夜になると少しの二酸化炭素を外に出すんだよ。

食物連鎖
どんな生きものも、生きるためにエネルギーがいる。植物は自分で、炭素化合物というエネルギー源をつくる。その植物を動物が食べ、その動物を別の動物が食べて、さらにその動物を……という食物連鎖によって、炭素が移動するんだ。

ムダなく役立つ
かれた植物や、動物のフンなんて、役に立たなさそうだよね。でもじつは、菌類やバクテリアに食べられて、土になる。この土が、大気中に、炭素を出すんだ。

16

炭素はどうやって移動する？

バランスのよい炭素循環では、二酸化炭素が、大気中から、生きものや岩や土のなかへと移動する。そして動物や植物が、呼吸などによって二酸化炭素を出して、大気中にもどすんだ。

とじこめられた炭素

一部の、炭素をふくむ化学物質は、地面の下にうまって、化石燃料になる。化石燃料とは、石炭や石油や天然ガスのこと。何千万年も前の、かれた木や死んだ生物の死がいからできているんだよ。

石炭は、かれた植物からできている。

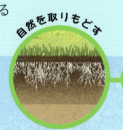

自然を取りもどす　55

化石燃料を使うと？

石炭も石油も天然ガスも、もえると熱をたくさん出すので、工場や車を動かすためにもやされる。このとき、炭素がとき放たれるんだ。二酸化炭素の形で、大気中に出てくるんだよ。

石油と天然ガス

石油は、化学物質が何千種類もまざったものだ。数千万年前に、海の小さな生物の死がいが海底にたまってぶあついヘドロとなり、そこから石油ができたんだよ。このヘドロからは、もっと小さい化学物質もできた。それが泡になってわき出したのが、天然ガスだ。人間は、この石油と天然ガスを使って、毎日たくさんのものを動かしている。

石炭

太古の植物が地中にうもれて、熱や圧力を受け、長い時間をかけて、石炭になったんだ。

気候との関わり

人間は、化石燃料をほりだしてもやすことで、自然の炭素循環をかきみだしている。自然の仕組みでは処理しきれないペースで、二酸化炭素が大気中にどんどんたまっているんだ。

26 人間の活動

ふえる炭素

人間のせいで大気中に出てくる温室効果ガスの量が、とにかく多すぎるんだ。化石燃料をもやしたり、家畜や作物を育てたりすると出てくるし、亜酸化チッ素みたいな強力な温室効果ガスを、人間が使うことだってある。これらの行動が積み重なって、大気中の温室効果ガスがふえて、自然の炭素循環のバランスがくずれているんだ。その結果、気温が上がって、気候変動が起きている。

セメント工場

わたしたちは、家や都市や道路を建設するのに、たくさんのコンクリートとセメントを使う。こういった建設用のコンクリートやセメントをつくるために、石灰石を化石燃料で焼くんだ。しかも、石灰石が焼けてくだけると、大量の二酸化炭素が大気中に出てくる。

石油、石炭、天然ガス

わたしたちは、沖合の石油プラットフォームや炭鉱の地下深くで化石燃料を採掘して、それをもやしてエネルギーをつくって、日々のくらしに使っている。採掘のときにも、二酸化炭素が大気中に出ている。

自然の負担になる、二酸化炭素

わたしたちは、毎日、化石燃料をもやして、ますます多くの二酸化炭素を出している。その量があまりに多すぎて、自然の炭素循環では処理しきれなくなっているんだ。その結果、大気中の温室効果ガスによって、地球の温度が上がっている。

ほかの温室効果ガス

人間がつくる温室効果ガスは、二酸化炭素だけじゃない。それよりも強力な温室効果ガスを、わたしたちはひっきりなしに出している。たとえば、車を運転したり、エアコンを使ったり、家畜を育てたり、農作物のための肥料をまいたりするときにね。

温室効果

二酸化炭素

ほかの気体

温室効果ガス

人間が大気中に出している温室効果ガスで、風船をふくらませたとしよう。だいたい4分の3は、二酸化炭素だ。でも、残りの4分の1は、ほかのもっと強力な温室効果ガスなんだ。これらのガスは、二酸化炭素よりも早く、自然に大気から取りのぞかれる。だけど短期的には、気候変動に、もっと強い影響をあたえているんだよ。

Fガス

Fガスという、フッ素をふくむ温室効果ガスが、エアコンや医療用の吸入器に使われている。その温室効果は、二酸化炭素の40倍も強力なんだよ。

肥料

作物を早く成長させるために化学肥料を使うと、亜酸化チッ素ガスという温室効果ガスが大気中に出てくる。このガスは、二酸化炭素の300倍も強力なんだ！

家畜

人間は食用の動物を飼っている。世界中に、そんな牛や羊や豚が、何十億頭もいるんだ。家畜のなにが危ないかというと、家畜がげっぷをしたときに出る、メタンというガスだ。メタンは、二酸化炭素の23倍も強力な温室効果ガスなんだよ。

気候との関わり

わたしたちが化石燃料をもやし、肥料をまき、家畜を育て、Fガスを使うほど、大気中の温室効果ガスがさらにふえる。その結果、地球の温度がもっと上がるんだよ。

28　人間の活動

失われる森

地球の生きものが健康にくらせるのは、森林のおかげなんだよ。森林は、温室効果ガスの二酸化炭素つまり CO_2 を大気から吸収して、炭素を樹木や植物のなかにためこむ。さらに、生命をささえる酸素と水蒸気とを、外に出すんだ。だけど、木々が切りたおされると、炭素が外の世界に急に出てくる。現在、平均すると、1秒あたりサッカー場1面分の森林の木が、世界のどこかで切られている。

とき放たれる有害物質
土地を切り開くために切られた木は、もやされることが多いんだ。木がもえると、二酸化炭素が空気中に放り出される。

二酸化炭素が多すぎる
森林が伐採されると、たくわえられていた二酸化炭素が、急に出てくる。

土壌の侵食
樹木がへると、森林から出る水蒸気の量もへるので、雨雲ができなくなる。土壌は乾いてパサパサになり、植物が育ちづらくなるんだ。

森林破壊
人々は、燃料となる木材と、土地がほしくて、森林を伐採するんだ。森のあった場所には、町や、家畜や作物のための農場がつくられる。

人間の活動 29

森の生きもの
世界中の動植物の種の半分近くが、熱帯雨林にいるんだ。いま、その多くが、生息地を失いかけている。ほかの場所では生きられないのに。

水蒸気
森林には、世界の水循環を調節する役割があるんだ。蒸散といって、木々は葉っぱから水蒸気を出している。この大量の水蒸気が上昇して大気中に入るから、熱帯雨林には大量の雨がふるんだよ。

水循環

酸素が、大気中に放出される

水と二酸化炭素が葉のなかでくっつく

木は地面から水をすい上げる

太陽の光と植物
植物は、大気中の二酸化炭素と土壌の水とをくっつけて、糖というエネルギー源をつくる。そのために必要なエネルギーは、太陽光から集めているんだ。この植物のはたらきを、光合成というんだよ。あまった酸素は、大気中に出される。

二酸化炭素
太陽の光
酸素

気候との関わり
人間が森林を焼くと、温室効果ガスが外に出る。これにより、大気が変化して、温室効果が高まり、気候変動が起きるんだ。

30 人間の活動

農業の問題

農業は世界中で行われているよね。だけど、やり方によっては、気候変動に影響が生じる。現代の農業のやり方とは、すべての人の食料をつくるために、できるだけ早く、できるだけ多く生産するというものだ。しかし、化学肥料を使って、毎年同じ農地で作物を栽培すると、温室効果ガスが大気中にどんどん出てしまうんだ。

肥料

ほとんどの農家は、肥料という人工的な化学物質を土に入れて、収穫をふやしている。たしかに、肥料を使わなければ、世界中の農地で、人間が必要とする食料の3分の2しかつくれない。だけど、肥料は温室効果ガスを発生させるし、バクテリアや菌類をすべて殺すことだってある。これらの生きものたちは、植物をくさらせて、炭素を自然に土壌にもどしてくれる、ありがたい存在なんだけどね。

炭素循環の破壊

自然界では、炭素循環がバランスよくはたらいていて、よい土壌と養分のおかげで、植物がおいしげっている。だけど、森林を伐採した土地で、同じ作物をくりかえし栽培すると、炭素が出ていって土壌の質が落ちるので、次の植物がうまく育たなくなる。

土のなかの炭素

土のなかの炭素の量は、大気中にある炭素の4倍、世界中のあらゆる生物の体内にある炭素の5倍にのぼる。わたしたちが作物を育てるとき、たいていの方法では、土壌がかきみだされて、炭素が出ていく。そうして、大気中で、温室効果ガスである二酸化炭素がふえるんだ。

自然を取りもどす

54

人間の活動　31

世界の農業
地球の地面のおよそ3分の1が、食料をつくるための農場や畑へとつくりかえられている。農地にするために森林は破壊され、農業機械や肥料が多く使われるようになったせいで、土壌の質が落ちて、二酸化炭素が大気中に出ていってるんだ。

作物か、家畜か？
同じ広さの土地ならば、家畜を育てるよりも、農地にするほうが、たくさんの人の食料をつくれる。だけど、乾燥や、強風や、土地がやせているといった理由で作物が育たず、地元の人の食べものをまかなうには家畜を育てたほうがいい土地もある。

家畜

野菜やくだもの

代替食品　61

栽培の失敗
同じ場所で同じ作物をくりかえし育てると、土から、栄養分やミネラルがなくなってしまう。そうなると、その土地では、作物があまり育たなくなるんだ。育てる作物は、毎年、変えたほうがいいんだよ。

土地を休ませる
大切なのは、気候変動を起こさない農業のやり方を、見つけることなんだ。方法のひとつは、畑を休ませて、雑草が生えるままにすること。そして、雑草を刈って、土にすきこむんだ。雑草がくさってできる化学物質が、養分になるからね。

気候との関わり
現代の多くの農法によって、土壌の質は落ち、大気中に温室効果ガスが出てくる。これらが原因で、炭素循環のバランスがくずれ、地球温暖化が大きく進み、気候変動が起きるんだ。

地球に なにが 起きているの?

わたしたちの地球には、気候変動による変化が、すでにあらわれている。平均(へいきん)気温は、世界中で上がりつつある。これから、さらに多くの氷がとけて、海面が上昇(じょうしょう)するだろう。異常(いじょう)気象(きしょう)がふえて、洪水(こうずい)や、干(かん)ばつや、森林火災(かさい)もふえるだろう。

わたしたちの地球

地球のあらゆる場所が、これからも気候変動の影響(えいきょう)を受けるだろう。気温があまりに大きく上がったり下がったりすると、海や陸の生物は変化に適応(てきおう)できない。異常気象がさらにふえ、海面の高さが変化して、大きな被害(ひがい)が出ることになる。

異常気象

気候変動によって、さらにはげしい嵐(あらし)が起きて、ハリケーンや洪水になる。場所によっては、干ばつや山火事が起きるだろう。

嵐(あらし)  34

干ばつ  35

山火事  35

大洋と海

大気と海洋の温暖化(おんだんか)によって、海面は上昇し、海流(かいりゅう)が変化している。また、二酸化炭素(にさんかたんそ)によって、海のなかで、化学的な変化が起きているんだ。

海面の上昇(じょうしょう)  36

海流(かいりゅう)  36

化学的な変化  38

34 異常気象

天気の変化

気候変動によって、雨が多くなり、強大なハリケーンが発生する。また、同じ場所で、同じパターンの天気がずっと続くようになる。雨が何日もふり続けば、洪水がふえるだろうし、雨がめったにふらなくなれば、干ばつがふえるだろう。これほどの速さで気候が変わるのを放っておけば、状況はひたすら悪くなるだけだ。

天気の種類
8

さらにはげしくなる雷雨

雷雨はとても危険で、雷が落ちたり、竜巻が起きたりする。竜巻は、陸地をすごい速さで進んで、立ちならぶ家を、なぎたおすことだってあるんだよ。気候変動によって、竜巻を生むような強い嵐が、もっとしょっちゅう起きるようになる。

ハリケーンの威力

この20年間で、ハリケーンの威力がますます強まっている。気候変動で、海面があたためられて、風速がさらに大きくなっているんだ。ハリケーンがもたらす洪水によって、広い農地や海沿いの都市が、破壊されているんだよ。

とける永久凍土

北極圏の大部分では、一年中、地面がこおりついている。これを、永久凍土というんだよ。気候が温暖化するにつれて、この永久凍土がとけはじめ、そこから大量の温室効果ガスが出ているんだ。

永久凍土がとけると、メタンの泡が出る。

異常気象 35

干ばつ

気候変動によって、雨のふる場所が変わる。これまで雨がしっかりふっていた地域で、干ばつが起こることだってあるんだ。干ばつによって、動物や植物の生命はうばわれ、人間は、自分の命をつなぐための作物を育てられなくなる。最悪の場合、草原が砂漠になることもあるんだよ。

山火事

干ばつになると、土地がカラカラに乾いて、森林や牧草地がもえやすくなる。山火事は自然に起きるものだけれど、干ばつが長引くと、山火事の災が、より熱く、より大きくなる。その結果、森林の多くが破壊され、野生生物が死に、人の命もおびやかされるんだ。

人間におよぶ危険 45

干ばつの被害を最初に受けるのは、植物なんだ。土は水不足となり、植物は数週間もすれば、すっかりかれてしまう。

ほとんどの動物は、山火事になるとにげ出す。地面の下にかくれて、火が通りすぎるのを待つ動物もいる。どの動物もすみかをなくし、多くは死んでしまうんだ。

気候帯 12

気候との関わり

気候変動によって、異常気象がふえる。気候変動が続けば、もっとはげしいハリケーン、もっと強い風、もっと大きな洪水が生じ、干ばつはいま以上に長引いて、山火事がふえるだろう。

海面の上昇

気候変動による大きな影響のひとつが、海面の上昇だ。いま、海水の温度が上がって、氷床がとけつつある。しかも、水はあたためられるとふくらんで、場所をたくさんとるんだ。海水の体積がふえると、ただでさえひどい目にあっている海沿いの低地が、特に嵐やハリケーンのときなど、しょっちゅう水びたしになる。こういったことが、今後さらにふえるだろう。

氷床

氷床とは、陸地をおおう厚い氷の層だ。内陸部では、新しい氷が氷床に加わり、氷床が海に接する場所では、氷床がくだけて巨大な氷山となってとけるんだ。いま、気候変動のせいで、新しい氷が加わるよりも速いペースで、氷山ができている。つまり、氷床が小さくなって、なくなるかもしれないんだ。そうなれば、海にさらに大量の水が加わるだろう。

専門家によると、2100年までに、海面が少なくとも30センチメートルは上がるそうだ。

ふくらむ海

地球の海の水は、温度が上がるとふくらむ。そのため、少しずつ、場所をたくさんとるようになり、海岸をゆっくりとはいあがっているんだ。氷河という、陸地にある巨大なシート状の氷もとけつつあるので、海の水がふえて海面がさらに上がっている。

弱まる海洋大循環

海流は、世界中の大洋をくまなく流れている。海面の近くではあたたかい水が、深いところでは冷たい水が、流れているんだ。これらの流れは熱を運ぶので、気候にとって大きな意味をもつ。海の氷がとけると、この海流が弱まって、たとえば西ヨーロッパなんかが、特に冷えこむんだよ。

冷たい水が、北極や南極の寒い海からやってくる

海面近くの、あたたかい流れ

海の深くの、冷たい流れ

あたたかい水が、熱帯の水域からやってくる

地図上の色分け
- 冷たい水
- あたたかい水

大洋と海　37

変わる地図
地球上から氷が消えれば、世界地図が大きく変わるだろう。海面が上がって、今の海岸線は消えてなくなり、水が内陸の奥にまでおしよせるだろう。国によっては土地がずいぶんせまくなり、島は消え、多くの海沿いの都市が水の底にしずむにちがいない。

氷床はとけ、海水の温度は上がり、海沿いの都市は水におおわれるかもしれない。

海面が上昇するにつれて、ニューヨークをかこむ川や湾が、もっと広く、もっと深くなる。

すべての氷がとけたなら
もし、世界の氷床がすべてとけたなら、海面は60メートル近く上がるだろう。これは、ゾウを14頭、つぎつぎと背中に乗せたのと同じ高さなんだ！　そこまで高くなるのは数千年後のことだろうけど、これを食い止めるには、いま、行動すべきなんだ。

人間におよぶ危険
44

危険がせまるニューヨーク
ニューヨークは水にかこまれた都市なんだ。気候変動を止めるために行動しなければ、海面の上昇によって、にぎわうニューヨークが水びたしの世界に変わるだろう。

気候との関わり
気候変動によって、海水があたたまり、氷床がとける。それにつれて、海面は少しずつ上昇する。世界中で、高さのない島や海岸沿いが、水びたしになるだろう。

大洋と海

海の変化

気候変動によって、陸の上だけでなく、海のなかでも、たくさんの問題が起きている。海水には、塩や、温室効果ガスの二酸化炭素など、さまざまな物質がまざっている。二酸化炭素は、海水とむすびついて炭酸になるんだ。ソーダ水をシュワシュワさせる、あの炭酸だね。しかしいま、このよぶんな酸が、海の生きものや、そのすみかのサンゴ礁を、破壊しているんだよ。

健全なサンゴ礁

サンゴは動物で、小さな個体がたくさん集まってくらしている。健康なサンゴが色あざやかなのは、じつはサンゴの体内にいる藻類のおかげなんだ。健全なサンゴ礁は、生命であふれている。海の生物の4分の1以上が、このカラフルな場所でくらしているんだよ。

健全なサンゴ礁は、海岸を、嵐から守っているんだ。

水と生命
18

健康な甲殻類

カニやエビなどの甲殻類やアサリなどの貝類は、水中の二酸化炭素とほかの化学物質をくっつけて、炭酸カルシウムというかたい物質をつくる。これをおもな材料にして、甲殻類は自分の殻をつくるんだ。

大洋と海　39

健全でないサンゴ礁

海水のなかによぶんな酸があると、サンゴの成長がおそくなるんだ。海水があたたかくなりすぎると、サンゴから藻類がいなくなる。サンゴの色は薄くなり、ついには真っ白になってしまう。これを、サンゴの白化というんだよ。サンゴは弱って、死んだり、病気にかかりやすくなったりする。

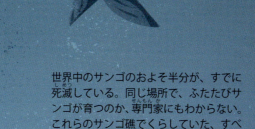

世界中のサンゴのおよそ半分が、すでに死滅している。同じ場所で、ふたたびサンゴが育つのか、専門家にもわからない。これらのサンゴ礁でくらしていた、すべての生きものが、すみかをなくしたんだ。

気候との関わり

気候変動によって、地球温暖化がすでに進んでいる。このままだと、20年後には、サンゴ礁が世界から消えてしまうかもしれない。サンゴ礁でくらす動植物の多くも、絶滅するだろう。

健康でない甲殻類

気候変動によって、海のなかでよぶんな酸がふえたせいで、甲殻類が殻をつくるのが大変になっている。カニやエビなどの殻は、以前よりも、うすくなっているんだよ。

地球の生き物は、どうなるの？

地球上のすべての動植物は、それぞれの居場所、つまり生息地で、くらしている。気候変動によって、地球ではすごい速さで温暖化が進んでいるんだ。これから先、わたしたちがこの変化を止めなければ、ほとんどの動植物は生きづらくなって、その多くが死んでしまうだろう。

生命

地球には、900万種もの動植物が生息している。わたしたちがなにもしなければ、小さなバクテリアから巨大なクジラまで、すべての生きものが、気候変動による危険にさらされるんだ。

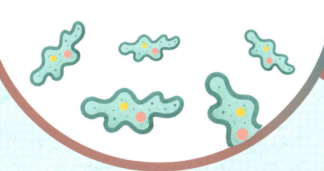

野生生物

動物も植物も、気候変動による被害を受けている。たくさんの動植物が、絶滅するかもしれない。

大量絶滅

 42

温暖化した気候

 43

人間

気候変動によって、わたしたちの生活はすでに変わりつつある。気候変動を止めなければ、洪水で家を、干ばつで農作物を、失うかもしれない。病気もふえるかもしれないんだ。

洪水

 44

干ばつ

 45

熱帯病

  45

野生生物への影響

急激な気候変動によって、世界は温暖化し、新たな病気が広がっている。野生動物は、生息地をこわされるなど、大きな被害を受けている。動物や植物が、変化に少しずつ適応するには、もっと時間が必要なんだ。わたしたちが、今すぐに気候変動のペースを落とさなければ、動植物の大量絶滅が起こるだろう。

とけていく氷

北極と南極は、温暖化の進みが、地球上で最も速い場所だ。とけていく氷のせいで、ホッキョクグマなどの動物が絶滅しかけている。海氷は、ホッキョクグマがアザラシ狩りをする場所だからね。

海氷

海面の上昇
36

新たな病気

ハワイミツスイという小さな鳥が、新たな病気で、つぎつぎと死んでいる。その病気を太平洋のハワイにもちこんだのは、蚊だった。気候変動によってハワイの気温が上がって、この蚊が生きられるようになったんだ。

ハワイミツスイ

蚊は、あたたかい気候で生息する。

異常気象

オオカバマダラというチョウは、アメリカ北部からメキシコまで大移動して、冬をこす。だけど、気候変動のせいで強い嵐が起きるので、チョウの多くは長旅のあいだに死んでしまうんだ。

野生生物 43

10 季節

変化する季節

地球の気候が温暖化するにつれて、植物が春に花をさかせる時期が早まっている。植物は、種をつくるために、マルハナバチのような飛びまわる昆虫を必要とする。しかし、時期が早すぎて、多くの昆虫はまだ成虫になっていない。そのため、種も花も、どんどんへっているんだ。

姿を消すウミガメ

気候変動のせいで、ウミガメに大きな危険がせまっている。ウミガメが卵を産むのは、熱帯の砂浜だ。ところが、海面が上がり、はげしい嵐が起きて、砂浜が破壊されている。ウミガメが食べものをさがすサンゴ礁も、海水があたたまったせいで、消えつつあるんだ。

アオウミガメは、2年に1度、産卵のために熱帯の砂浜にやってくる。

水を求めて

アジアゾウは、生きのびるために、毎日遠くまで水を求めて移動しなければならない。気候変動によって、世界各地で気温が上がり、水源が急速にかれている。

植物の毒

オオカバマダラの幼虫は、トウワタという植物の、毒のある葉を食べる。ふつうなら、幼虫に害はない。ところが、気温が上がると、この植物は毒をたくさんつくるんだ。幼虫にとって毒が強くなりすぎて、食べるものがなくなっている。

トウワタ

アジアゾウ

気候との関わり

気候変動によって、世界は温暖化している。地球上の生物は、この変化に適応できなくなっている。温暖化がこのまま続けば、多くの動植物が生き残れず、絶滅してしまうだろう。

44 人間

人間におよぶ危険

だれも、気候変動の影響からは、のがれられない。人々は、世界でも最大級の都市をすてて、ほかの土地にうつるしかなくなるかもしれない。食料の生産量はへり、場所によっては、食べものが足りなくなるだろう。そして、これまでは遠く離れた、わずかな地域だけの問題だった病気が、すぐにも世界中に広がるかもしれないんだ。

街に水があふれると、人々は、ヘリコプターやボートで助けられる。

洪水

海面が上がり、嵐がふえると、海沿いの地域が大きな影響を受ける。嵐の暴風によってできた高波が、海岸をこえて町や都市へとおしよせて、水をあふれさせる。水はいずれ引くけれど、危険であることに変わりはない。あとには多くの被害が残るんだ。

異常気象 34

科学者の予測によると、これからの30年間で、4億人が、新しく住む土地をさがすことになるという。

生きのびるための引っこし

人は、ひどい水害が起きる地域や、暑すぎる場所ではくらせない。気候変動の影響を受けた人々は、生きのびるために、引っこさなくてはならなくなる。新たに街や都市をつくる場所を求めて、人々は別の大陸へうつるしかなくなるだろう。

人間 45

広がる病気

マラリア、黄熱、ウエストナイル熱などの病気によって、たくさんの人が命を落としている。これらの病気を広めるのは、蚊のような、温暖な気候で生息して、人間をかむ虫たちだ。地球温暖化とともに、病気を運ぶ虫たちが、いろいろな場所へと向かっている。

暑くなりすぎると

気候変動のために、近年の干ばつは、より深刻に、より長引くようになっている。これは、人間にとって危険なことなんだ。雨が十分にふらないと、水不足で作物が育たなくなる。その結果、食べものが不足する。暑すぎる日があまりに長く続くと、植物だって生きのびられない。

あまりの暑さに植物は死に絶え、作物が育たない土地になる。

だめになった農地

世界が暑くなるにつれて、多くの国で、人のくらしが変わっていくだろう。洪水や干ばつがふえれば、それまでと同じ作物は育たない。人々は、別の作物を植えて、食生活を変えるしかなくなるんだ。

気候との関わり
人間には、安心してくらせて、作物を育てられる場所が必要なんだ。気候変動によって、大洪水が起きて気温が上昇すると、ますます多くの人が、新たな故郷を求めて移住するしかなくなるだろう。

代替食品 61

気候変動は、止められるの？

気候変動を止めるために、わたしたちにできることがたくさんある。人間の活動のおもなエネルギー源は、石油や天然ガスや石炭だ。これらの化石燃料から出る有害な温室効果ガスが、熱をとじこめるんだ。わたしたちはエネルギーを節約し、別のエネルギー源を見つけ、ゴミをへらさないといけない。

気候変動を止めよう！

気候変動を止めるには、これまでどおりのやり方ではいけない。地球の大切な資源をできるだけ使わず、再使用やリサイクルを心がけること。気候変動を解決するため、みんなで協力しよう。

カーボンフットプリント

だれでも、日々の生活で温室効果ガスを出している。その量を、その人のカーボンフットプリント（炭素の足あと）というんだ。へらす方法は、いくつもある。

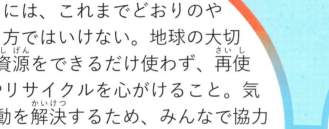

エネルギーの使用

48

ゴミ削減・再使用・リサイクル

50

再生可能エネルギー

風や水や太陽の光を使って、再生可能エネルギーをつくることができる。再生可能エネルギーは、空気や水をよごさないんだ。

風と水

52

熱と光

53

自然を取りもどす

木を植えて森林をふやすと、大気中の温室効果ガスを取りのぞくことができる。「自然を取りもどす」ことでも、気候変動をおさえられるんだよ。

森林再生

54

自然再生

55

48 カーボンフットプリント

エネルギーの使用

毎年、世界中の人々の活動によってつくられる二酸化炭素の量は、地球の炭素循環が処理できる量の、2倍近くにのぼる。大気中に残るよぶんな二酸化炭素が、地球温暖化の原因となって、気候変動が起きるんだ。カーボンフットプリントが、人よりずっと多い人もいる。あなたのカーボンフットプリントは、どのくらいかな？

カーボンフットプリントってなに？
あなたの日々の活動によって、二酸化炭素などの温室効果ガスが生じる。その量を算出したものが、カーボンフットプリント（炭素の足あと）だ。あなたが買うものや移動手段や食べるものによって、変わるんだよ。本当の足あとと同じで、すべてのカーボンフットプリントが、地球に「あと」を残して、気候変動の原因になる。

環境に悪い熱
わたしたちは、天然ガスや石油などの化石燃料をもやして、家をあたためる熱をつくっている。

人間の活動によって生じる温室効果ガスの半分は、発電所と、建物の暖房によるものなんだ。

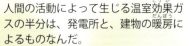

ゴミの問題
ゴミすて場やゴミ埋立地にすてられたゴミからは、メタンや二酸化炭素など、危険な温室効果ガスが出るんだ。

燃料の問題
ガソリンや軽油などの燃料で動く乗りものは、カーボンフットプリントが大きくて、大気中に大量の二酸化炭素をはき出している。

カーボンフットプリント 49

カーボンフットプリントをへらそう

カーボンフットプリントは、変えられる。左のページでは、気候変動のいろいろな原因を見てきた。このページでは、自分のカーボンフットプリントをへらすために、日々の生活でなにができるかを見ていこう。

環境にやさしいエネルギー

化石燃料をもやすかわりに、再生可能エネルギーからつくった電気を、家や車の動力源にできるんだ。これで、だれでもカーボンフットプリントをへらせるよ。

太陽エネルギー

風力発電

ゴミをへらして、環境にやさしく

ものを、より少なく、より長く使って、ゴミをへらそう。温室効果ガスの排出をへらすために、できるだけリサイクルしよう。

移動も、環境にやさしく

公共の交通機関や、電気自動車を使えば、自分のカーボンフットプリントをへらせるよ。もっといいのは、徒歩や自転車で移動すること。

電気自動車のための、充電スタンド

気候との関わり

すべての人が、コミュニティが、企業が、そしてすべての国の政府が、日々の行動を変えることで自分のカーボンフットプリントをへらせる。大切なのは、気候変動の責任を、みんながもつことだ。

ゴミ削減・再使用・リサイクル

気候変動とたたかうには、わたしたちみんなが、ゴミと、エネルギーの使用をへらさないといけない。なにかを買う前に、本当にそれが必要なのか、よく考えよう。そして、できるだけ、くりかえし使うこと。つまり再使用することだ。とことん使ったら、いちばん少ないエネルギーでリサイクルできる方法をさがそう。

まだ使えるのに、新品に買いかえたい？　むだに汚染が広がるし、二酸化炭素がたくさん出てしまうよ。

はるか遠くから運ばれてくる食品は、カーボンフットプリントが大きいんだ。

新品を買う
商品のカーボンフットプリントのほとんどは、製造時のものだ。たとえば携帯電話やコンピューターなどが新しくつくられるときには、貴重な材料と、大量のエネルギーが使われる。

すてられる食料
いま、世界で生産されている食料の3分の1が、すてられているという。だけど、料理の残りものは、気候変動とたたかうために使えるんだ。ゴミに出さず、微生物の力を借りれば、化石燃料のかわりとなるバイオ燃料をつくれるよ。

カーボンフットプリントの大きさ
スーパーマーケットで買いものをするときは、すべての商品のカーボンフットプリントについて、考える必要がある。包装された新品を買うと、包装はすぐゴミになるけどいいの？　まだ使えるものを買いかえようとしてない？

使い終わったものをすてるのはかんたんだよね。だけど、もやされたり、うめられたりするものが、多すぎるんだ。リサイクルできる場合が多いのに。

カーボンフットプリント 51

カーボンフットプリントをより小さく

買いものをするお店を選ぶだけで、気候変動とたたかえるんだよ。お店の人にたずねてみよう。「包装や梱包材をたくさん使ってますか？」「売っているのは地元の食材ですか？」「ゴミをどうリサイクルしていますか？」

 あなたに、できること 69

地元で育った旬の食材は、カーボンフットプリントがかなり小さい。

ハイテク製品の修理サービス

こわれた携帯電話やコンピューターは、部品をひとつ交換するだけで修理できることもあるよ。

かんたんにすてないで

ものがこわれたら、自分で修理するか、くわしい人にたのむこと。どうしても直せなければ買いかえてもいいけれど、できれば、新品に近い中古品を買おう。

電池のリサイクル

電池やジュースの缶のリサイクルは、すごくかんたんだし、出てくる温室効果ガスの量も大きくへらせるんだ。

野菜やくだものをばら売りしているお店はたくさんあるよ。

再使用とリサイクル

自前の買いもの袋や容器を使っていいか、お店の人に聞いてみよう。買いもの袋や容器をくりかえし使えば、二酸化炭素を出さずにすむし、ゴミによる汚染をふやさずにすむからね。

包装されたものを買う必要があるのなら、リサイクル素材での包装を選ぼう。

気候との関わり

自分のカーボンフットプリントをへらしたいなら、すてる量をへらすこと。必要なものだけ買って、できるだけ再使用して、どうしても使えなくなったらリサイクルしよう。

52 再生可能エネルギー

風、水、熱、光

太陽はいつでも地球のどこかを照らし、風はふき、川は海へと流れている。これらのエネルギー源は、つねに補充され、「再生」している。わたしたちは、この再生可能エネルギーを活用して、気候変動を食い止め、ゴミをへらさなくてはならない。石炭、石油、天然ガスなどの化石燃料をもやすかわりに、再生可能エネルギーを使うことができるのだから。

バイオマスエネルギー

木などの植物は、固形燃料として利用したり、ガスに変えてもやしたりできる。そのときに二酸化炭素が出るけれど、植物は、成長するあいだは二酸化炭素をすっている。つまり、入る量と出る量のバランスがとれていて、ほとんどカーボンニュートラルなんだ。

ふえる炭素
26

バランスを見る

再生可能エネルギーは気候変動を止めるのに役立つけれど、別の問題を起こすかもしれない。たとえば、水力発電ダムを建設するためのコンクリートをつくるときには、大気中に大量の二酸化炭素が出される。水力発電で、二酸化炭素が出てこないとしてもね。

水力発電

水力発電とは、水の動きを利用して電気をつくることだ。川に建設されたダムが、発電に使われることが多い。このような再生可能エネルギーから、わたしたちのくらしに必要な電力をつくることができる。

再生可能エネルギー 53

太陽エネルギー

太陽のエネルギーはすべての生命をささえている。太陽光パネルを使えば、そのエネルギーの一部を集めて電気に変えられるんだ。その電気を使って、家のなかのいろんなものを動かせるんだよ。

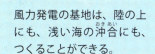
風力発電の基地は、陸の上にも、浅い海の沖合にも、つくることができる。

風力発電

風力タービンは、てっぺんに羽根（ブレード）が数枚ついた、背の高い塔だ。風を受けると羽根が回転する。この回転の運動で、機械が動いて、電気ができるんだ。風はどこでもふいているけれど、多くの風力発電基地は、強い風がふく丘の上に建っている。

新しいエネルギー源 58

太陽光パネルは、屋根の上や、車、船、人工衛星などに設置できる。

地熱発電

地熱とは、地球がもつ熱のことだよ。地球の地下深くには、ものすごく熱い、液状の岩石がある。温泉や火山の火口近くでは、その熱が地表あたりまで出てきているから、発電に使えるんだ。

気候との関わり

水や風や太陽光からもらえる力は、つきることがない。これらは温室効果ガスを出さないエネルギーなので、気候変動を悪化させないんだ。

54 自然を取りもどす

森林再生と自然再生

重要なのは、人間が自然環境にあたえたダメージを、回復することなんだ。森林や沼地や湿地など、動植物の生息地は、炭素をとじこめるので、気候変動とのたたかいで重要な役割をはたす。だけど、これらの野生の環境は、わたしたちが守らなければ消えてしまう。動植物が豊かにくらせるよう、わたしたちは、ダメージを回復し、自然のバランスを取りもどさなくてはならない。

失われる森

28

ダイサギ

森林
木は、大気中の炭素を吸収することで、気候変動から地球を守っている。しかし、農業や伐採により、多くの森が破壊されてきた。わたしたちは、いまある森を守り、新しい森を育てなくてはならないんだ。

マングローブの沼地
保護されているマングローブの沼地や、海岸にある塩沼は、たくさんの炭素をたくわえている。それに、嵐のときには、洪水をふせぐ防壁となって、海岸線を守っているんだよ。

野生動物
オオカミなどの野生動物も、気候変動をおさえるのに役立っているんだ。木の新芽を食べるシカをオオカミは食べるよね。つまり、森林を育てるのを助けているんだよ。

自然を取りもどす 55

バランスをとる

長年にわたり、人間の活動によって、あまりに多くの温室効果ガスが大気中に放出されてきた。その結果、全世界で、野生の動植物の自然なバランスがくずれてしまったんだ。気候変動をふせぐには、このバランスを取りもどさないといけない。そのためには、森林や湿地の世話をして、再生させる必要がある。

湿地には、湿った部分と乾いた部分がある。

湿地
たくさんの野生生物をはぐくむ湿地は、大気中の炭素を吸収してくれている。湿地の植物は、かれても、ばらばらにくずれて炭素を大気中に放出したりはしない。植物がもつ炭素は、泥にうもれて、とじこめられるんだ。

気候との関わり
気候変動を解決するために、自然の力を借りよう。森林や海洋や湿地を保護し、再生させるんだ。そうすれば、地球の大気中にある二酸化炭素の量を、へらしてくれるからね。

みずからを助ける、自然の仕組み
たくさんの動物が、自分たちの生息環境のバランスを保つのに役立っているんだよ。たとえばビーバーがダムをつくると、川の流れがおそくなって、池や湿地ができる。ビーバーは、ダムづくりによって植物をふやし、その植物が、炭素をたくわえるんだ。

沼地のなか
沼地とは、泥炭が積み重なった湿地のこと。そして泥炭とは、かれ草や落ち葉で形成される、厚くてしっかりした土壌の一種だ。泥炭は、できるまでに数百年かかり、大気から吸収した炭素をとじこめている。

海の変化 36

かきみだされる海底
漁船が底引き網を使うと、巨大な網によって、海底がかき回されて破壊される。しかも、海底にためこまれていた炭素が、水中に出てしまうんだ。環境のためには、さおと糸でつりをしたほうがいいし、魚をとりすぎないのが大切なんだよ。

テクノロジーで問題は解決するの？

テクノロジーは、気候変動をおさえるのに役立つ。クリーンエネルギーや、二酸化炭素を出さない輸送、炭素の回収といった分野は、すごく進歩しているんだ。だけど、本当に効果をあげるには、わたしたち自身が、くらし方や、エネルギーの使い方、移動手段などを、正しく選ばなくてはならない。

58 クリーンテクノロジー

新しいエネルギー源

わたしたちはすでに、風と太陽光からエネルギーを取り出して、電気に変えている。いま重要なのは、低コストで大量に発電できるよう、このクリーンテクノロジーを発展させることなんだ。できたエネルギーを使い切らないこともあるだろうから、必要になるときまで安全にたくわえる方法も見つけなくてはならない。科学者たちは、新たなエネルギー源もさがしている。たとえば衣服や藻類を使った実験をしているんだよ。

波が大きいほど、できる電力も大きくなる。だから、未来の波力発電システムには、はげしい嵐にたえられる強度が必要なんだ。

波力発電機は、打ちよせる波に、おし上げられたり、おし下げられたりすることで、発電する。

波力

海面の波は、おもに風によってつくられている。科学者たちは、この波の力を集める、波力発電機の実験をしているんだ。とてもむずかしいことだけれど、技術の進歩によって、成功するかもしれない。

未来のスマート衣類

やがては、動きまわるだけで、携帯電話を充電できるくらいの電気をつくれるようになるかもしれない。たとえば、こんなアイデアがある。特別な素材でできたスマート衣類が、あなたの腕や脚からエネルギーを集めてくれるんだ。あなたの動きに合わせて、素材がのびたりねじれたりして、素材に電気が流れるんだよ。

潮力

1日に2回、海は水面が上がって満潮となり、そこからまた、水面が下がって干潮となる。この毎日の、海水の大きな動きは、再生可能エネルギーの強力な源なんだ。あとはただ、使うだけ！

自然の力

植物、藻類、そして一部のバクテリアは、光合成という化学反応によって、太陽の光を糖に変える。科学者たちは、この自然の光合成のまねをして、太陽光を使って、糖ではなく油などの燃料をつくろうとしているんだ。

29 太陽の光と植物

潮力発電用のラグーンには、人工の島もつくれるよ。

潮力発電用のラグーン

干満の差を利用して、ラグーンからエネルギーを回収できる。天然のラグーンは、海沿いの湖だ。潮で満たされる、岩でできた巨大プールだと思えばいい。人工のラグーンは、潮力エネルギーを集めるためにつくられる。ラグーンを出入りする水の流れを使って、発電するんだ。

河口堰

潮汐ダムや河口堰を使えば、河口でエネルギーを回収できるよ。まず、潮の満ち引きでできる流れで、水力タービンを回す。そのエネルギーを、発電機が電気に変えるんだ。

河口堰とは、川と海のさかいにある、双方向のダムのこと。

気候との関わり

再生可能エネルギーの利用はもう始まっているが、気候変動をおさえるには、再生可能エネルギーへの移行をもっと進めるべきなんだ。時間と資金と政府の支援が必要だけど、残り時間はあとわずかだ。

59

スマートテクノロジー

環境にやさしいだけでなく、よりスマートな生活が、求められている。すでに、エネルギーを有効に活用できるスマートテクノロジーが登場している。近い将来、すべての家と自動車で、よりクリーンなエネルギーが使われるだろう。石油や天然ガスではなく、太陽光パネルや風力タービンで取り出す、再生可能エネルギーのことだ。電気自動車なら、再生が不可能なガソリンや軽油を使わずにすむし、オンライン会議にすれば、ジェット機で世界を飛びまわる必要もない。

あなたのカーボンフットプリント 48

移動
ガソリンから電気に切りかえるだけでなく、新車をつくりすぎないことも大切だ。製造時に温室効果ガスが出るからね。1台の車を何人もで共有する、カーシェアリングという仕組みが、解決策になるかもしれない。

充電中の電気自動車

スマートグリッド
いま、わたしたちが使うすべての電力は、少数の巨大な発電所から送られている。しかし将来的には、あちこちの風力タービンや太陽光パネルや蓄電所から送られるはずだ。この送電網（グリッド）の管理に、人工知能が使われるだろう。

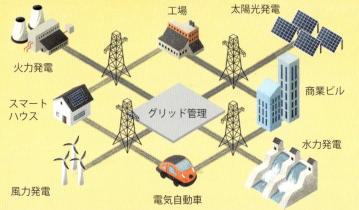
火力発電／スマートハウス／風力発電／工場／グリッド管理／電気自動車／太陽光発電／商業ビル／水力発電

太陽光パネル

ブラインドが自動で上下して、室温を調節する。

スマートメーターが、水や電気の使用量を調節するので、むだがなくなる。

大きな充電式電池に、これから使う電気をたくわえている。

スマートロボットが世界中の人々とつないでくれるので、長距離の移動がへる。

クリーンテクノロジー 61

この家は、太陽光パネルを使って、再生可能な電力を自給している。あまった電力は近所に送られる。

電気をたくわえる（蓄電）
よぶんな電気を液体空気としてためられる、新しいテクノロジーがあるんだ。電動ポンプを使えば、空気をぎゅうぎゅうにおしつぶして液体に変えられるんだよ。

もっとクリーンな旅行を
将来的に、旅行はハイパーループになるかもしれない。ハイパーループとは、見た目は電車で、速さはジェット機なみの乗りものだよ。いまの自動車や電車や飛行機よりも、二酸化炭素の排出量や交通公害が少ないんだ。

未来のスマートハウス
住宅に新しいテクノロジーを使えば、効果は大きいだろう。たとえば、太陽光パネルや風力タービンで電力をたくわえられる。スマート照明やスマート家電は、自分でスイッチを切って、エネルギーを節約し、温度を調整できるんだ。

料理に使われる食材は、気候変動を起こしづらい方法で育てられている。

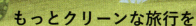

低炭素食品
いまの食品の多くは、カーボンフットプリントが大きいんだ。今後は、代替食品も考えないといけない。たとえば、昆虫は、低炭素食品なんだよ。かんたんに飼えて、すごく早く成長する。動物のフンを食べて、健康的な食品となる昆虫もいるんだ。

遺伝子組み換え作物　　遺伝子組み換えではない作物

遺伝子組み換えではない作物
農業が始まってからずっと、農家は、できるだけよい作物を選んで育ててきた。いま、遺伝子組み換え技術によって、さらによい作物がふえている。遺伝子組み換え作物は、燃料や肥料が少なくてすむし、たとえば干ばつなど、ほかの植物が生き残れないような状況でも育つんだ。

わたしたちみんなで、できること 68

気候との関わり
気候変動をおくらせたり止めたりするには、わたしたちが、生活の仕方や使うものを変えないといけない。スマートテクノロジーは、正しく使えば、その助けになってくれる。

気候のコントロール

気候をコントロールする

いま、一部の科学者たちが、急激に進む気候変動を止める方法をさがし求めている。そして、地球の温度を下げる、さまざまな方法を研究しているんだよ。たとえば、大気中の炭素の量をへらす「炭素の回収」や、太陽光の一部を地表までとどかないようにする「地球の暗化」などだ。しかし、アイデアの多くは、まだ理論の段階にある。実現するには、新しいテクノロジーの開発が必要なんだ。

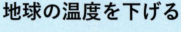

地球の温度を下げる

地球にとどく太陽光の量がへると、大きな火山が噴火したときのように、地球の表面の温度が下がるんだ。これを、地球の暗化という。飛行機から大気中にチリ状の物質をまき散らせば、世界中の気温が下がるだろう。空は白くくもり、世界の水循環にも大きな変化が生じるはずだ。

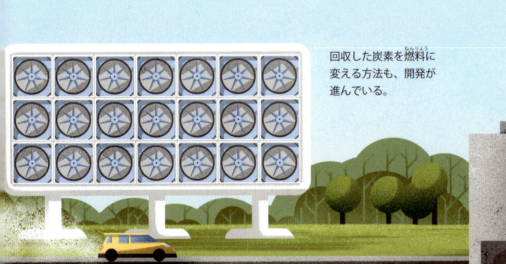

回収した炭素を燃料に変える方法も、開発が進んでいる。

炭素の回収

炭素回収システムがあれば、大気中の二酸化炭素を回収できる。これによって温室効果が弱まるので、地球温暖化をふせげるんだ。炭素を回収する方法は、もう解明されている。科学者がいまやっているのは、すごく大きな規模で炭素を回収するための、テクノロジーの開発だよ。

炭素をたくわえる

大量の二酸化炭素を回収できたとして、それが将来的に気候問題を引き起こさないよう、安全にためておく必要がある。たとえば、空になった地下の油田に二酸化炭素を送りこむというアイデアがある。

気候のコントロール 63

自然の答え

木は、大気中にある温室効果ガスの二酸化炭素を吸収して、長い期間たくわえる。新しい木を植えて、すでにある森林を守ることで、世界中のどこでも、気温の上昇を止める手助けができるんだよ。科学者たちがいまつくろうとしているのは、成長が早くて、より多くの炭素をたくわえられる木だ。

地球を明るく

もし地球をより白っぽく、明るくできれば、太陽の熱と光を多く反射するので、温室効果が弱まるはずだよね。その方法のひとつが、大気中にヨウ化銀の粒子をばらまくことなんだ。これにより、地球のまわりにうずまいている雲がふえて、明るさもまして、太陽光をもっと多く反射してくれるだろう。

太陽光を反射する

海面がもっと白っぽくなれば、太陽の熱を反射して、地球の温度が下がるだろう。科学者の案で、海面のすぐ下に船から空気を噴射するというものがある。小さな泡が残って、水面が白っぽくなり、太陽光をもっと反射するはずだ。

藻類と炭素

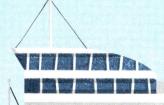

科学者の発見によると、海の藻類が死ぬと、炭素をもったまま、海底にしずむそうなんだ。藻類の養分を海に入れれば、より多くの藻類が成長して、より多くの炭素を海底に運んでくれるだろう。しかし、養分もしずむので、養分をひっきりなしに海面に入れないといけなくなる。

気候との関わり

科学者たちは、すぐれたアイデアをいくつも生み出してはいるけれど、たしかな解決策はまだないし、予想外の影響も出るかもしれない。気候変動を止める技術を開発するには、資金と時間がもっと必要だ。

64　新たな故郷

ほかの惑星に移住できる？

気候変動によって地球の自然が大きくそこなわれつつあるので、ほかの惑星に移住したらどうかと考える人も出てきた。これまでに科学者が、見こみがあると考えた唯一の惑星が、火星なんだ。しかし、火星に住むのは、問題だらけだ。みんなでようやく長旅を終えており立っても、火星には、呼吸できる空気も、飲み水も、食べものもない。まずは自分で、シェルターをつくらなければならないんだ。地球の気候変動を食い止めて、地球をすばらしい場所にするほうが、ずっといいんじゃないかな？

火星へのフライト
火星まで行きつくのは、かなり大変だ。なにしろ、地球から月までの距離の、150倍以上も遠いからね。宇宙船に乗って、約9カ月はかかる。これまで火星に行ったことがあるのは、探査ロボットだけなんだ。

水と生命　18

火星の住宅
火星の地表に住むのは危険なんだ。高レベルの放射線が、宇宙からふりそそいでいるからね。人間が火星に移住したら、地下に住まなくてはならないだろう。

水と食べもの
これまでのところ、火星で水は見つかっていない。野菜やくだものを温室で栽培するとしよう。太陽の光はとどくだろう。だけど、植物に必要な酸素が、火星の大気にはほとんどないんだ。

新たな故郷 65

火星でのくらし

火星はものすごく寒い。夏なら、0度をこえることもあるけれど、冬は、地球の北極や南極よりもはるかに寒いんだ。火星には呼吸できる空気がないから、どの家も、密閉できないといけない。そして、材料はすべて、宇宙船で地球から運んでこないといけないんだ。

宇宙船には広いスペースが必要だ。火星に着陸するまでのすべての燃料と、乗員のための食料と水と空気を運ぶからね。

1. 死んだ藻類によって、土壌が豊かになる。
2. 藻類が火星を緑にする。
3. 火星の温度が十分に上がり、水が流れるようになる。

火星を地球化（テラフォーミング）する

生物学者たちは、藻類やバクテリアを使えば、火星のような死の惑星を、地球に似た惑星にいつか変えられるかもしれないと考えているんだ。この考えが正しいとしても、実現できるだけのテクノロジーは、まだない。

火星は地球よりも日が差さないが、太陽光発電は使えるだろう。

小さな原子力発電装置を地球から運んできて、電気をつくることもできる。

燃料と動力

火星それ自体には、燃料も動力もない。太陽からのエネルギーを取りこむことはできるけれど、太陽光発電だけでは足りないんだ。宇宙飛行士は、地球からもってきた材料を使って、自分たちで燃料や動力をつくらなくてはならないだろう。

呼吸できる空気

火星の空気は、そのほとんどが二酸化炭素なので、どんな人間も15秒以上は生きられない。宇宙服をいつも着ていないといけないんだ。

気候との関わり
火星でくらすための新しいテクノロジーは、地球に対して使うほうが、ずっとかんたんそうだ。わたしたちは、気候変動を止め、適応し、地球にとどまる方法を見つけなくてはならない。

これから、なにをすべきなの？

気候変動は、すべての人の生命をおびやかしている。手おくれになる前に、気候変動を止めるための行動を起こそう。世界のリーダーや大企業(だいきぎょう)から、わたしたちひとりひとりにいたるまで、だれもが変化を起こせるんだ。故郷(こきょう)である地球と、そこで生きる生命を守るために、みんなで力を合わせよう。

次のステップ

次のステップについて、世界中の政府が合意したうえで、それぞれの国でルールをつくる必要がある。わたしたちひとりひとりが、大切な役割をになうんだ。

力を合わせて

気候学者は、気候変動を研究して、解決策を見つけようとしている。どの国の政府も、こうした専門家の助言に耳をかたむけて、行動を起こさなくてはならない。

気候学
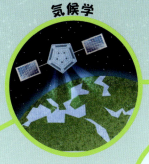
68

政府

68

世界的な取り決め

68

ひとりひとりにできること

あなたも、ご家族も、日々の行動をよく考えることで、変化を起こすことができる。あなたの選択によって、大企業の製品や、お店にならぶ商品が、変わるのだから。

移動

69

カーボンフットプリント

69

食べもの

69

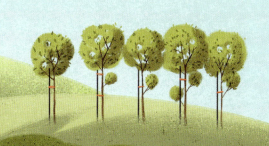

わたしたちみんなで、できること

世界中で、たくさんの人が気候変動について学び、行動を起こしはじめている。多くの国が集まって、変化をもたらすような大きな決断をくだそうとしているんだ。手おくれになる前に、政府や世界のリーダーたちが、再生可能エネルギーや、自然再生、代替輸送などに、集中して取り組まないといけない。

再生可能エネルギー

再生可能エネルギーで電気をつくれば、化石燃料をもやす量を、へらすことができる。そうすれば、温室効果ガスもへるんだよ。

自然再生

木を植えて大きな森を世界中につくれば、大気中の温室効果ガスをへらせるんだ。

輸送

よりクリーンな輸送手段を開発すること。それが、気候変動とのたたかいのカギとなる。

世界会議

世界のリーダーたちは、定期的に集まって、すべての国にできることを話し合う必要がある。そして、大企業がしたがうべきルールを決めて、大企業に気候変動を起こさせないようにするんだ。

研究とテクノロジー

世界中の気候学者は、気候変動をもっとよく理解できるよう、力を合わせている。その声に耳をかたむければ、世界のリーダーたちは、最善の取り組みを決めることができるだろう。

あなたに、できること

あなたも、気候災害をふせぐために、毎日の生活で、かんたんな選択ができる。自分自身のカーボンフットプリントをよく考えること。なにを食べるのか、なにで移動するのか、なにを買うのか、なにを着るのか。ゴミ削減・再使用・リサイクルを心がけて、できるだけあなたの考えを伝えよう。コミュニティに参加して、変化を起こすんだ！

移動するとき
できるだけ、車や飛行機を使わないこと。目的地が近くなら、徒歩や自転車で行こう。遠くなら、公共の交通機関を使おう。

植えていい場所があれば、木を植えよう！

家では
家で使うエネルギーの量をへらそう。冬は家全体をあたためるんじゃなくて、あたたかい服を着ること。夏はブラインドを下げるか、扇風機を使おう。洗濯物は冷たい水で洗って、乾燥機は使わないこと。

食べもの
地元でつくられた食材を買おう。遠くまで運ばなくてよくなるからね。肉の量をへらして、野菜を多く食べること。

気候との関わり
世界中のすべての人が、気候変動を止めるために、最善をつくさなくてはならない。地球を守る、この大事なたたかいでは、世界のリーダーと同じくらい、ひとりひとりの行動が大きな意味をもつ。

衣服
古い服を直して、新しい服を買う回数をへらそう。サイズが合わなくなった服は、古着屋さんにもっていって、リサイクルしよう。古着を買うのは、エコだし、楽しいからね。

考えを伝える
ほかの人がカーボンフットプリントをへらすのを、手伝おう。その方法のひとつが、問題をわかりやすく説明して、あなたの考えを伝えることなんだ。

わたしたちは気候変動を止められる！

いっしょに取り組もう！

ひとりひとりにできること 69

用語解説

永久凍土
つねにこおっている土。真夏でもとけない。

汚染物質
大気や土地や水をよごして、生きものを害する物質。

オゾン層
上空の大気中にある、気体の薄い層。太陽からの有害な紫外線を吸収する。

温室効果
大気中には、太陽からの熱を、宇宙空間に散らばりにくくするガスがある。それらのガスで、地球があたためられること。

温室効果ガス
温室効果の原因となる、大気中にある気体。特に、二酸化炭素。

カーボンニュートラル
二酸化炭素を吸収する量と、排出する量を同じにする活動。

カーボンフットプリント
あるひとりの人間の活動によって、二酸化炭素がどれだけ出されるかを算出した量。

海流
海を流れる、水の強い動き。

化石燃料
石炭や石油や天然ガスのような、エネルギーをもつ燃料。大昔の動物や植物の死がいからできている。

家畜
人間が食べるため、農家などで育てられる動物。

気圧
空気の圧力。いつも空気は、上からおしている。

気候
ある地域で、長期間にわたりくりかえされる天候のパターン。

気候帯
同じような気候をもつ、地球上の地域。砂漠気候や熱帯雨林気候は、それぞれ別の気候帯だ。

軌道
宇宙で、ある物体が、惑星や衛星や恒星のまわりを回る道筋。

凝結
気体が冷やされて液体になること。

光合成
植物が、太陽光のエネルギーを使って、二酸化炭素と水から、糖というエネルギー源をつくる方法。光合成をすると、酸素が外に出される。

ゴミ埋立地
人々がゴミをうめてできた場所。

再生可能エネルギー
風、水、太陽光など、自然に補充される源から、つくられるエネルギー。

サンゴの白化
サンゴの色が、あざやかな色から白色へと変化する現象。気候変動が原因で起きることが多い。

酸素
ほとんどの動物が、生きるために必要としている、大気中の気体。

自然再生
農業や鉱業などの活動によって破壊された場所に、動植物の生息地をふたたびつくること。

蒸発
熱せられることで、液体が気体になること。

食物連鎖
食物をえるために、おたがいを必要とする生きもののつながりのこと。たとえば、植物は、植物を食べる動物に食べられて、その動物は、肉を食べる動物に食べられる。

侵食
水や風や氷によって、地表がけずられること。

森林再生
森林が伐採された場所に、木々を植えること。

水蒸気
気体になった水。

水力発電
水の動きを利用して、電気をつくること。

スマートテクノロジー
データを集め、人工知能を使って目的を達成するような、最近の機械や手法。

生息地
動物がくらしている場所や、植物が生えている場所。

絶滅
動物や植物のひとつの種が、永久にいなくなること。

藻類
小さな植物のような生きもので、日光のエネルギーを使って、糖というエネルギー源をつくる。

大気
地球をとりかこむ、気体や雲の層。

太陽光パネル
太陽電池を使って、太陽光から電気をつくる装置。屋根に設置されていることが多い。

炭素循環
炭素原子が、大気から生きものへ、そして地球へ、ふたたび大気へと、たえず移動し、めぐっている仕組み。

炭素排出量
地球の大気中に出された、二酸化炭素の量。

地球温暖化
二酸化炭素などの温室効果ガスによって、大気中に熱がとじこめられて、地球の大気があたたまること。

地球の暗化
大気中のチリやススが、太陽の光と熱をさえぎる現象。その結果、地球の温度は少し下がる。

地熱
地球の内部の熱によって生じる、エネルギー。

天気
地球上の、ある場所での、いま現在の大気の状態。

二酸化炭素
大気中にある気体で、植物が、エネルギー源をつくるために使う。また、すべての動植物が、呼吸によって外に出す。化石燃料がもやされるときも、外に出る。大気中の二酸化炭素がふえすぎると、気候変動が起きてしまう。

バイオ燃料
植物や、動物のふんや、トウモロコシのような農産物からつくられる燃料。

バクテリア
ひとつの細胞でできている小さな生きもの。ほとんどのバクテリアは、顕微鏡を使わないと見えない。

氷河
川のように流れる、巨大な氷のかたまり。海に向かって、ものすごくゆっくり動く。

氷河時代
地球の歴史のなかで、氷が地球の大半をおおっていた、特別に寒い時期。

氷冠
北極や南極をおおう、氷と雪でできた、ぶあつい層。

氷山
海面にうかぶ、大きな氷のかたまり。

氷床
陸地をおおう、氷の層。

肥料
植物をより早く、より大きく、育てるための化学物質。

風力タービン
最新型の風車。風がふくと回転して、電気をつくる。

風力発電基地
ふきつける風から電気をつくる風力タービンが、いくつもある場所。

分子
いくつもの原子がくっついたもの。あらゆるものは、分子でできている。

水循環
水の、ずっと続く、くりかえしの旅。水は海から空へ、陸へ、そしてまた海へともどる。

リサイクル
ゴミを、役に立つ新しい素材へと変えること。

さくいん

あ
亜酸化チッ素　26, 27
雨　7, 8, 12, 13, 19, 21, 29, 34, 35, 45
嵐　8, 9, 33, 34, 36, 38, 42, 43, 44, 54, 58
異常気象　2, 6, 9, 32, 33, 35, 42
衣服　58, 69
永久凍土　34
液体空気　61
Fガス　27
温室効果ガス　16, 17, 19, 23, 26, 27, 28, 29, 30, 31, 34, 38, 47, 48, 49, 53, 55, 57, 60, 63, 68

か
カーボンフットプリント　47, 48, 49, 50, 51, 61, 69
海面の上昇　32, 33, 36, 37, 43, 44
海流　2, 36
火山　21, 23, 53, 62
風　2, 8, 9, 35, 47, 52, 53, 58
火星　19, 64, 65
化石燃料　25, 26, 27, 46, 48, 49, 50, 52, 68
家畜　26, 27, 28, 31
干ばつ　9, 32, 33, 34, 35, 41, 45, 61
気圧　8, 9
気温　2, 8, 9, 11, 13, 15, 18, 19, 21, 22, 23, 26, 32, 33, 42, 43, 45, 62, 63
気候学者　2, 67, 68
気候帯　7, 12, 13
気候のコントロール　57, 62
季節　7, 10, 11, 22, 43
光合成　29, 59
洪水　9, 32, 33, 34, 35, 41, 44, 45, 54
氷　2, 8, 9, 19, 22, 32, 36, 37, 42
ゴミ　46, 48, 49, 50, 51, 52, 69

さ
再生可能エネルギー　47, 49, 52, 59, 60, 68
作物　26, 27, 28, 30, 31, 35, 45, 61
砂漠　12, 13, 18, 35
サンゴ礁　38, 39, 43
湿地　54, 55
植物　2, 12, 13, 18, 24, 25, 28, 29, 30, 35, 39, 41, 42, 43, 45, 52, 55, 59, 61, 64
食物連鎖　24
人工知能　60
森林　12, 13, 28, 29, 30, 31, 35, 47, 54, 55, 63
水蒸気　8, 16, 17, 28, 29
水力発電　52, 60
スノーボールアース　19
スマートハウス　60, 61
絶滅　39, 41, 42, 43
藻類　38, 39, 58, 59, 63, 65

た
太陽エネルギー　16, 18, 49, 53
竜巻　9, 34
食べもの　13, 24, 31, 43, 44, 45, 64, 69
炭素　24, 25, 26, 28, 30, 54, 55, 56, 57, 62, 63
炭素循環　21, 24, 25, 26, 30, 31, 48
地球温暖化　2, 23, 31, 39, 45, 48, 62
地球の暗化　23, 62
地熱発電　53
潮力　59
低炭素食品　61
テクノロジー　56, 57, 61, 62, 65, 68
天気　6, 7, 8, 12, 17, 18, 21, 34
電気　49, 52, 53, 58, 59, 60, 61, 65, 68
動物　2, 10, 12, 13, 18, 24, 25, 27, 35, 38, 41, 42, 55, 61

な
二酸化炭素　17, 23, 24, 25, 26, 27, 28, 29, 30, 31, 33, 38, 48, 50, 51, 52, 55, 56, 61, 62, 63, 65
農業　30, 31, 54, 61

は
バイオマスエネルギー　52
バクテリア　24, 30, 41, 59, 65
ハリケーン　9, 33, 34, 35, 36
波力　58
雹　9
氷河時代　2, 21, 22, 23
病気　39, 41, 42, 44, 45
肥料　27, 30, 31
風力発電　49, 53, 60

ま
水循環　8, 29, 62
メタン　17, 27, 34, 48

や
山火事　33, 35

ら
雷雨　9, 34
リサイクル　47, 49, 50, 51, 69

How do we stop climate change?

Copyright © Weldon Owen

Written by: Tom Jackson
Illustrated by: Dragan Kordić
Consultant: Dr. Marianna Linz, Harvard University
Designer: Lee-May Lim
Editor: Miranda Smith

This edition published by arrangement with Weldon Owen, an imprint of INSIGHT EDITIONS, California, through Tuttle-Mori Agency, Inc., Tokyo

---

マインドマップでよくわかる

気候変動

2024年10月31日　初版1刷発行

著：トム・ジャクソン
イラスト：ドラガン・コルディッチ
翻訳：藤崎百合
翻訳協力：トランネット
DTP：高橋宣壽

発行者　鈴木一行
発行所　株式会社ゆまに書房

東京都千代田区内神田2-7-6
郵便番号　101-0047
電話　03-5296-0491（代表）

ISBN978-4-8433-6739-1 C0344

落丁・乱丁本はお取替えします。
定価はカバーに表示してあります。